EL PRONÓSTICO DEL TIEMPO

NEBLINA

Un libro de Las Raíces de Crabtree

DOUGLAS BENDER
Traducción de Pablo de la Vega

CRABTREE
Publishing Company
www.crabtreebooks.com

Apoyos de la escuela a los hogares para cuidadores y maestros

Este libro ayuda a los niños en su desarrollo al permitirles practicar la lectura. Abajo están algunas preguntas guía para ayudar al lector a fortalecer sus habilidades de comprensión. En rojo hay algunas opciones de respuesta.

Antes de leer:

- ¿De qué pienso que trata este libro?
    - *Pienso que este libro es sobre la neblina.*
    - *Pienso que este libro nos dice de dónde viene la neblina.*
- ¿Qué quiero aprender sobre este tema?
    - *Quiero aprender de dónde viene la neblina.*
    - *Quiero aprender de qué está hecha la neblina.*

Durante la lectura:

- Me pregunto por qué...
    - *Me pregunto por qué la neblina se forma en lugares específicos.*
    - *Me pregunto por qué la neblina se queda sobre el suelo.*
- ¿Qué he aprendido hasta ahora?
    - *Aprendí que la neblina está hecha de gotitas de agua.*
    - *Aprendí que la neblina se forma alrededor de las montañas.*

Después de leer:

- ¿Qué detalles aprendí de este tema?
    - *Aprendí que el Sol hace que la neblina desaparezca.*
    - *Aprendí que puede haber neblina en muchos lugares distintos.*
- Lee el libro una vez más y busca las palabras del vocabulario.
    - *Veo la palabra* ***nube*** *en la página 4 y la palabra* ***montañas*** *en la página 6. Las demás palabras del vocabulario están en la página 14.*

Así se ve la **neblina**.

La neblina es una
nube en el suelo.

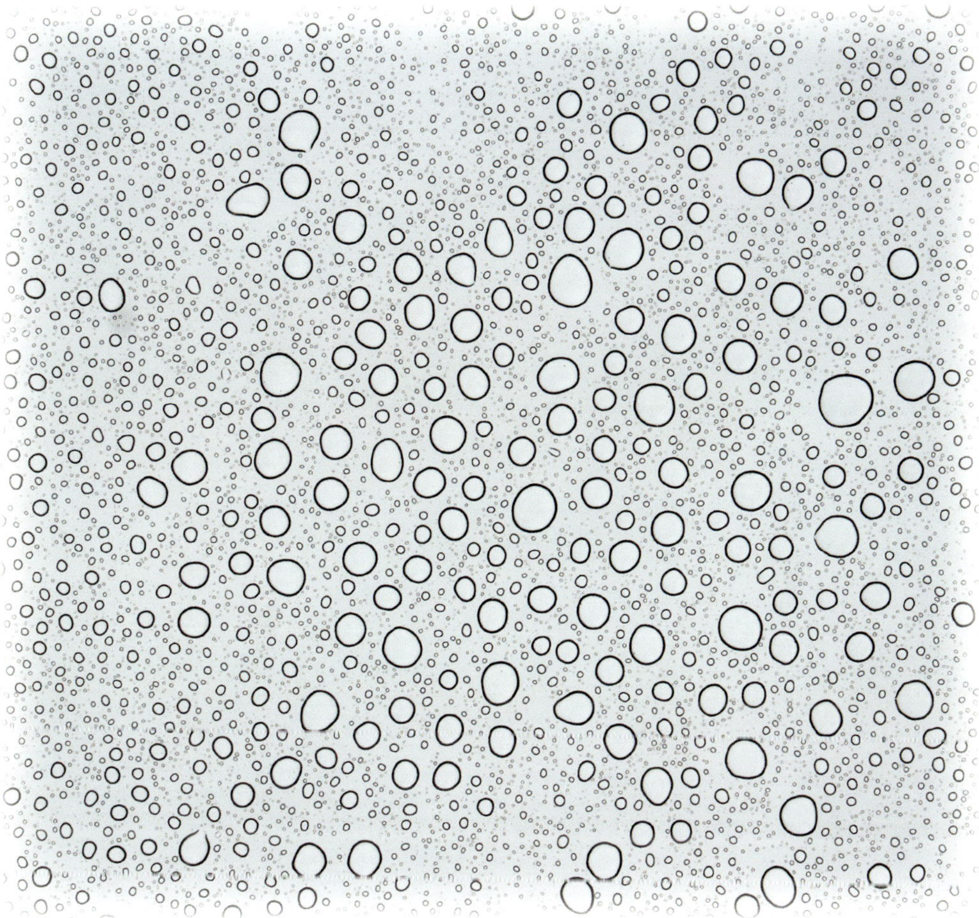

La neblina está
hecha de **gotitas**
de agua que flotan.

Alrededor de las **montañas** puede formarse neblina.

La neblina puede formarse sobre el agua.

La neblina puede formarse en **valles**.

Cuando sale el **Sol**,
la neblina desaparece.

Lista de palabras

Palabras de uso común

agua
alrededor
así
cuando
de
el
en
es
está
hecha
la
las
puede
que
sale
se
sobre
una
ve

Palabras para conocer

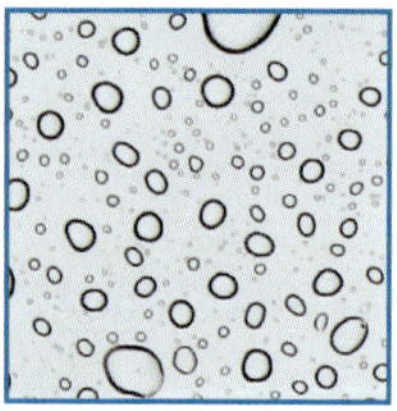

gotitas

montañas

neblina

nube

Sol

valles

50 palabras

Así se ve la **neblina**.

La neblina es una **nube** en el suelo.

La neblina está hecha de **gotitas** de agua que flotan.

Alrededor de las **montañas** puede formarse neblina.

La neblina puede formarse sobre el agua.

La neblina puede formarse en **valles**.

Cuando sale el **Sol**, la neblina desaparece.

Crabtree Publishing Company

Written by: Douglas Bender
Designed by: Rhea Wallace
Series Development: James Earley
Proofreader: Janine Deschenes
Educational Consultant:
Marie Lemke M.Ed.
Translation to Spanish:
Pablo de la Vega
Spanish-language layout and proofread:
Base Tres
Print and production coordinator:
Katherine Berti

EL PRONÓSTICO DEL TIEMPO
NEBLINA

Photographs:
Shutterstock: Budimir Jevtic: cover; Mikhail Piskunov: p. 1; Woody Alec: p. 3, 14; Alexander Steam: p. 4, 12, 14; Lillac: p. 6-7, 14; Ann Tikhonova: p. 9; Rusian Suseynov: p. 11, 14

Library and Archives Canada Cataloguing in Publication
Title: Neblina / Douglas Bender ; traducción de Pablo de la Vega.
Other titles: Fog. Spanish
Names: Bender, Douglas, 1992- author. | Vega, Pablo de la, translator.
Description: Series statement: El pronóstico del tiempo | Translation of: Fog. | "Un libro de las raíces de Crabtree". | Text in Spanish.
Identifiers: Canadiana (print) 2021023086X | Canadiana (ebook) 20210230878 | ISBN 9781039616271 (hardcover) | ISBN 9781039616332 (softcover) | ISBN 9781039616394 (HTML) | ISBN 9781039616455 (EPUB) | ISBN 9781039616516 (read-along ebook)
Subjects: LCSH: Fog—Juvenile literature.
Classification: LCC QC929.F7 B4618 2022 | DDC j551.57/5—dc23

Library of Congress Cataloging-in-Publication Data
Names: Bender, Douglas, 1992- author. | Vega, Pablo de la, translator.
Title: Neblina / Douglas Bender ; traducción de Pablo de la Vega.
Other titles: Fog. Spanish
Description: New York, NY : Crabtree Publishing Company, [2022] | Series: El pronóstico del tiempo - un libro de las raíces de Crabtree | Includes index.
Identifiers: LCCN 2021024402 (print) | LCCN 2021024403 (ebook) | ISBN 9781039616271 (hardcover) | ISBN 9781039616332 (paperback) | ISBN 9781039616394 (ebook) | ISBN 9781039616455 (epub) | ISBN 9781039616516
Subjects: LCSH: Fog--Juvenile literature.
Classification: LCC QC929.F7 B4618 2022 (print) | LCC QC929.F7 (ebook) | DDC 551.57/5--dc23
LC record available at https://lccn.loc.gov/2021024402
LC ebook record available at https://lccn.loc.gov/2021024403

Crabtree Publishing Company
www.crabtreebooks.com 1-800-387-7650

Printed in the U.S.A./072021/CG20210514

Published in the United States
Crabtree Publishing
347 Fifth Avenue, Suite 1402-145
New York, NY, 10016

Published in Canada
Crabtree Publishing
616 Welland Ave.
St. Catharines, ON, L2M 5V6